RECHERCHES EXPÉRIMENTALES

SUR LE

MÉCANISME DE LA VISION.

PREMIÈRE PARTIE

COMPRENANT L'EXPOSÉ DU SUJET ET L'EXAMEN DE LA FONCTION DE LA CORNÉE TRANSPARENTE.

PAR M. DE HALDAT.

La question relative à la faculté qu'a notre œil de s'approprier aux distances différentes ou plus généralement de rendre la vision distincte avec des rayons lumineux de directions différentes, est, depuis si longtemps, controversée entre les physiciens, que son état stationnaire jusqu'à ce jour ne peut être attribué qu'à la marche vicieuse suivie dans cette étude. C'est sans doute avec raison que l'on a comparé l'œil aux constructions de l'optique; car, en tant qu'instrument propre à former sur la rétine l'image que l'on doit regarder comme la cause première de la sensation, il ne peut être autre chose; et vouloir conclure de la considération que cet instrument est doué de vie, comme l'ont fait quelques physiologistes, que la lumière doit être dans sa marche modifiée selon d'autres lois que celles sur lesquelles l'expérience a prononcé, c'est abandonner la boussole pour s'exposer à se perdre sur l'océan des hypothèses.

Mais, en comparant l'œil aux instruments de l'art, doit-on se contenter d'analogies, se borner à des déductions vagues, à des suppositions sur lesquelles l'expérience n'a pas prononcé, ou n'a donné que des résultats douteux? Le peu de succès de cette méthode m'a déterminé à examiner de nouveau les faits sur lesquels reposent les hypothèses relatives à la question principale que je me propose d'examiner. Que pouvait-on en effet attendre de ces considérations générales, quand les faits qui doivent servir de base à une théorie légitime sont contestés par des opposants de mérites égaux. L'anatomie du globe oculaire ne laisse rien à désirer; sa structure extérieure, sa forme, ses dimensions ont été déterminées avec exactitude; il en est de même de sa structure intérieure : le nombre et la situation respective des parties qui le composent, la forme et la courbure des milieux réfringents qui en font un merveilleux instrument d'optique ont été déterminés par d'ingénieuses expériences; enfin la chimie nous a fait connaître les substances dont se composent les parties du système réfringent. Mais, en supposant toutes ces appréciations aussi exactes qu'on peut l'attendre des observateurs habiles auxquels nous les devons, quelle lumière peut-on tirer de ces laborieuses recherches, quand on ignore si les divers éléments du système réfringent sont ou non susceptibles de varier dans leur forme ou leur situation respective? Que peut nous apprendre l'analyse la plus savante des humeurs de l'œil, quand nous n'avons aucune donnée exacte sur leurs forces réfringentes ou dispersives, et pouvons-nous nous flatter de les connaître, quand, pour obtenir sur ces propriétés importantes quelques résultats de l'expérience, nous sommes forcés d'altérer la structure organique d'où elles résultent? Des recherches sur l'œil dans son intégrité ou sur ses parties les moins altérables et dans leur état normal me semblent donc seules propres à nous donner quelque espérance de pénétrer plus avant dans la connaissance des fonctions de cet organe.

Si nos assertions avaient besoin de preuve, il suffirait de rappeler les hypothèses aussi nombreuses que variées qui ont été proposées sur ce sujet : les uns ont supposé des changements dans la forme du globe ou dans la disposition relative des milieux réfringents; d'autres ont regardé ces changements comme imaginaires; il en est qui les ont déclarés impossibles; il y a presque autant de partisans de l'achromatisme de l'œil que d'opposants. Le plus grand nombre des physiciens le considérant comme un instrument d'optique, ont appliqué rigoureusement les principes de cette science à l'explication des phénomènes de la vision; quelques-uns lui ont attribué des propriétés spéciales étrangères à la théorie de nos instruments d'optique et parfois même contraires aux lois de la lumière. On conserverait peut-être encore des doutes sur la formation de l'image et sa situation sur la rétine, si une expérience ancienne ne l'avait prouvée et si le professeur Magendie n'avait imaginé un moyen de la populariser pour ainsi dire. J'épargne au lecteur l'exposition de ces hypothèses qui se trouvent réunies dans la Physiologie de Haller et dans la Physique du Système Nerveux de M. Muller, et me renfermant dans la question relative à la propriété universellement reconnue qu'a l'œil de s'accommoder aux distances, je demanderai si l'œil jouit de cette propriété par un mécanisme analogue aux instruments d'optique composés ou si c'est en vertu d'une disposition particulière et étrangère à leur composition.

Si nous comparons notre précieux organe aux instruments de l'art, nous observons que, pour les grandes distances, telles que 200 mètres, les images ayant une parfaite netteté, la conservent, sans qu'il soit fait aucun changement dans la disposition respective des verres dont une lunette est composée, et que ce changement n'est nécessaire que quand cette distance est réduite à 25 ou 30 mètres. L'œil, de même, pour les distances auxquelles les objets ne sont pas trop difficiles à apprécier, à raison de leur peu d'étendue, nous les représente avec une netteté égale à celle qu'ils ont à une distance médiocre et la dilatation de la pupille est le seul changement qu'on y remarque. Si au contraire les objets sont placés à de petites distances, telles que un, deux ou trois mètres, la netteté des images exige des changements, assez grands dans les distances focales des lentilles d'une lunette, tandis que l'œil n'offre encore dans ces cas d'autre changement que dans l'ouverture de la pupille qui se dilate à mesure que la distance augmente ainsi que l'éclat.

Pour de petites, comme pour de grandes distances, la netteté de la vision n'exige donc de changement sensible que dans l'ouverture de la pupille; mais n'en existe-t-il pas qui, pour ne pas être appréciables à la vue, n'en sont pas moins réels? c'est ce que prétendent les physiologistes qui ont voulu appliquer le mécanisme des instruments à l'explication de la vision. Si des changements semblables ou analogues à ceux des instruments existaient, ils ne pourraient avoir lieu que dans la cornée transparente ou dans le cristallin. Ceux qui les attribuent à la cornée, prétendent que la contraction des muscles du globe exerce sur ce corps une compression qui, transmise aux humeurs par les membranes dans lesquelles elles sont renfermées, détermine la dilatation de la partie des parois la plus extensible c'est-à-dire de la cornée. Parmi les partisans de cet effet de la contraction des muscles du globe, les uns l'attribuent aux droits, d'autres, aux obliques ; il en est, qui les combinent dans leur action ; mais tous me semblent leur reconnaître une force très-disproportionnée à leur masse musculaire et à leur mode d'insertion au globe. En leur accordant la force supposée, je demanderai s'ils pourraient l'exercer. Ils ne peuvent presser le globe que contre une masse de tissu graisseux d'une grande mollesse et cependant cette compression, pour produire l'effet désiré, doit vaincre la résistance de membranes douées de beaucoup de ténacité et soutenues par des liquides dont l'incompressibilité est presque absolue, et qui donne au globe une fermeté, pour ne pas dire une dureté très-remarquable, pendant la vie et même encore après la mort.

Ces objections toutes puissantes qu'elles sont, n'ayant pu dissiper les préventions des partisans de la compressibilité du globe, j'ai dû recourir à l'expérience et l'apprécier plus exactement. A cette fin, j'ai enfermé un globe oculaire dans une capacité de métal propre à le contenir exactement. Le cylindre était fermé à l'une de ses extrémités par un diaphragme dont la concavité répondait à la convexité de l'hémisphère antérieur de ce corps et qui était percé d'une ouverture égale à la cornée transparente : l'hémisphère postérieur appuyait sur un piston excavé qui le recevait exactement, toutefois laissant entre les bords des deux cavités un intervalle qui permettait de comprimer le globe en les rapprochant. Ce globe ainsi placé présentait au dehors du diaphragme la cornée tout entière, dont la partie la plus saillante répondait à la pointe d'une vis à pas serré, et qu'on pouvait rapprocher ou éloigner de manière à rendre sensible la moindre augmentation dans la convexité de la cornée; un ressort à boudin d'une force connue poussait le piston et comprimait le globe. Les expériences avec ce petit appareil ont été faites sur des yeux de mouton qui sont un peu plus volumineux que ceux de l'homme. Je les ai fréquemment répétées et j'ai observé que, pour forcer la cornée à faire saillie d'une quantité au-dessous d'un millimètre, il fallait employer une force au moins égale à trois kilogrammes. Or, dans les essais de compression exercée sur le globe, j'ai constamment observé qu'une compression bien inférieure à celle qui est nécessaire pour faire bomber la cornée d'une fraction de millimètre donnait à cette membrane une teinte grise qui diminuait sa transparence et pouvait même, quand elle était plus considérable, la convertir en un corps demi-transparent. Ce changement dans la transparence de cette membrane étant proportionné à la force employée à comprimer le globe, peut donc être considéré comme le signe de l'extension de la cornée et même comme une mesure approximative de ce changement de forme. N'est-il pas évident d'après cela que si les muscles étaient assez puissants pour changer la convexité de la cornée, ils le seraient de même pour lui donner la teinte grise dont nous avons parlé; or, cette altération, qui peut être l'effet d'une violence extérieure, n'ayant jamais été observée dans les convulsions les plus violentes des muscles du globe qui leur donne une puissance bien supérieure à celle dont ils jouissent dans l'état normal, il n'y a aucun motif de leur accorder la force qu'on leur a supposée.

L'estimation de la force absolue des muscles présente trop de difficulté pour pouvoir être employée à l'examen de la question des variations dans la forme de la cornée; mais si, conformémant à la règle la plus généralement admise, on la considérait comme représentée par la masse de fibres musculaires dont ils sont composés, cette considération serait bien peu favorable à l'hypothèse des physiologistes qui admettent les variations de la convexité de la cornée, comme l'effet de l'action des muscles du globe ; car ses six muscles réunis ne pèsent qu'un gramme cinq décigrammes, et le faisceau musculaire par lequel est produite l'extension de l'auriculaire pèse deux grammes ; et cependant ce petit muscle, agissant avec toute son énergie dans un sujet bien constitué, soulève à peine 5 à 600 grammes appliqués à la base de la troisième phalange de ce doigt, tandis que les muscules du globe réunis devraient exercer une force d'environ trois kilogrammes pour troubler légèrement la transparence de la cornée, effet manifeste de la compression du globe au degré nécessaire pour opérer le plus faible changement dans la convexité de cette membrane. D'après les inductions et les faits exposés, ne doit-on pas admettre que les muscles du globe, étant impuissants à le comprimer au degré indispensable pour augmenter la convexité de la cornée, l'hypothèse dans laquelle on fait intervenir cette cause de la propriété qu'a notre œil de s'accommoder aux distances doit être abandonnée. Ces preuves suffiront sans doute au plus grand nombre des physiologistes ; mais, comme elles ont encore récemment été le sujet d'objections de la part des quelques opérateurs qui ont prétendu que la section des muscles du globe avait fait perdre la faculté de voir distinctement les objets voisins et les objets éloignés, j'ai de plus en plus reconnu la nécessité de recourir à l'expérience directe. Je sais que des savants dont j'honore les travaux, parmi lesquels se trouve le célèbre secrétaire de la Société royale de Londres, Young, auquel l'optique doit de si importantes découvertes, ont considéré, comme devant être infructueuses, toutes les tentatives destinées à constater par l'observation directe les variations dans la forme de la cornée, que les uns ont constamment niées, tandis que d'autres ont prétendu les avoir observées à l'œil nu. Guidé par quelques essais, je n'ai pas désespéré de constater au moins la possibilité d'une semblable observation.

En admettant l'estimation des variations dans la convexité de la cornée, telles qu'elles ont été données par Olbers, qui les porte de 0 lignes,333 à 0 lignes 270, mettons un tiers de ligne, il est d'abord évident qu'aucun observateur n'a pu l'apprécier à l'œil nu. C'est pourquoi j'ai dû chercher dans les constructions de l'optique un moyen évidemment nécessaire pour résoudre cette question. Mon appareil se composait d'une chaise en menuiserie, très-solide et très-propre à fixer la tête de la personne mise en expérience : sur le côté du siége s'élevait un montant, auquel s'adaptait une lunette microscopique, pourvue d'une monture, au moyen de laquelle on pouvait la diriger exactement vers la convexité de l'œil à examiner. Cette lunette, dont la force amplificative était de trente diamètres, avait au foyer de l'oculaire trois fils de cocon parallèles et distants d'un demi-millimètre, destinés à rendre sensibles les variations dans la convexité de la cornée, si elles avaient lieu.

Les auteurs qui ont considéré ces expériences comme devant être infructueuses, ont sans doute fondé leur opinion sur les mouvements qu'en effet on observe dans l'œil des personnes qui n'avaient pas été exercées ; mais, en choisissant des sujets dont l'œil soit bien saillant, bordé de cils bien rangés et dont la vue jouisse de la sensibilité normale, on peut, par l'exercice, obtenir une fixité suffisante pour prononcer sur la constance dans la forme de la cornée. La tête de la personne en expérience étant fixée, on place devant elle un carton mobile, peint de couleur brillante ; et, à la distance d'un demi-mètre à vingt mètres, dans la même direction, on établit une autre mire de couleur éclatante. Cette mire, dans nos expériences, était un morceau d'écarlate de quinze centimètres de diamètre, et de sept ou neuf côtés difficiles à distinguer à cette distance d'un polygone de cinq ou huit côtés, choisi de cette forme afin d'obliger la personne mise en expérience à exercer l'effet propre à produire dans la cornée les changements supposés. Les choses étant ainsi, on rend l'axe de la lunette tangent à la cornée qui se trouve au foyer de l'objectif; alors on aperçoit cette membrane présentant un croissant lumineux, que l'on pourrait comparer à celui de la lune dans son premier quartier et vue par un temps nébuleux. La courbure de ce croissant considérablement agrandi qui se détache sur un morceau de velours noir fixé au côté du nez, se distingue parfaitement. On complète l'expérience en rendant le fil du milieu tangent à la convexité de la cornée, puis, ordonnant à la personne de fixer la vue sur la mire éloignée, et de chercher à en distinguer la forme, on intercepte tout à coup les rayons qui en forment l'image, par l'interposition du carton mobile, sur lequel elle doit alors arrêter la vue. On réitère l'expérience plusieurs fois, et c'est, durant cette manœuvre, que l'observateur, l'œil fixé à la lunette, doit chercher à reconnaître les variations de la convexité de la cornée. M'étant fréquemment exercé à ces observations, je crois pouvoir affirmer que l'œil, susceptible de quelques légers changements dans sa position, n'en éprouve jamais dans sa forme. Car, en admettant l'estimation des variations dans la convexité de la cornée donnée par Olbers, d'après le professeur Muller (1), il eût été impossible, avec une force amplificative de trente diamètres, de ne pas la reconnaître, surtout en faisant coïncider l'un des fils avec la concavité du croissant et le parallèle opposé avec la convexité de cette même membrane.

J'aurais pu me borner à l'exposition des preuves que je viens d'opposer à l'hypothèse des variations de la convexité de la cornée; mais, afin de ne laisser subsister aucun argument favorable à l'opinion de ceux qui l'ont embrassée, j'exposerai encore une autre méthode pour arriver à la même démonstration, méthode qui a été entrevue, dont le succès a dû être pressenti, mais qui n'a jamais été employée. Elle est fondée sur les propriétés des miroirs convexes dont la cornée dans un œil à l'état normal remplit évidemment les fonctions pour la formation des images. La constance dans la dimension de

(1) Physiologie du Système Nerveux, tome 1, page 348, trad. française.

celles-ci, dépendant de la constance dans la convexité de la cornée, il est évident que l'on peut juger de la dimension de l'une par celle de l'autre ; mais comme cette image a nécessairement peu d'étendue, notre lunette microscopique est encore indispensable. Quand on veut l'employer, on place la personne dont l'œil doit réfléchir l'image des objets extérieurs, en face d'une croisée ouverte, éclairée par le ciel, et d'où l'on puisse distinguer, à la distance de vingt à vingt-cinq mètres environ, des objets éclairés, autant que possible, par la lumière directe du soleil. On choisit préférablement une perspective de bâtiments, une galerie éclairée, et, s'il se peut, se détachant sur un fond de ciel. Tout étant ainsi disposé, on reconnaît la situation et la figure de l'image à la loupe ; alors on dirige l'axe de la lunette vers cette image, on l'amène au foyer, et l'on invite la personne en expérience, à porter l'œil alternativement vers des objets voisins et vers des objets éloignés placés dans la même direction ; comparant alors l'image amplifiée dans ces deux cas, on juge ainsi de la constance dans la convexité de la cornée. On le fait sans crainte d'erreur ; car on peut faire tomber entre les fils de l'oculaire quelque partie de l'image, telle qu'une porte ou une fenêtre, et ainsi reconnaître que leur étendue n'a pas varié. Cette méthode, si je l'eusse trouvée avant celle que j'ai décrite plus haut, m'eût dispensé de beaucoup de tentatives infructueuses. Plus commode, plus exacte, elle est si facile, si simple que l'on peut se passer du siége décrit précédemment ; il suffit alors d'employer une lunette dont l'objectif ait un foyer court. Cependant, pour la rendre, je ne dis pas suffisamment exacte, mais tout-à-fait rigoureuse, on devra toujours se servir d'une lunette microscopique pourvue d'un miscromètre à fils mobiles. En faisant tomber l'image réfléchie entre les fils qu'on peut accorder avec sa dimension, l'expérience ne peut être entachée d'aucune erreur. Car, quels que soient les mouvements de l'œil, on peut toujours, après qu'ils ont cessé, ramener cette image entre les fils qui lui servent de mesure.

DEUXIÈME PARTIE,

COMPRENANT L'ORGANISATION ET LES PROPRIÉTÉS OPTIQUES DU CRISTALLIN.

La faculté de s'accommoder aux distances, c'est-à-dire, à la direction variée des rayons lumineux dans certaines limites, étant un fait incontestable, si elle ne dépend pas des variations dans la forme de la cornée, comme nous l'avons prouvé, elle doit nécessairement dépendre des dispositions ou des changements dans quelqu'autre partie de l'appareil visuel. Les variations de la pupille ont, avec les phénomènes de la vision, des relations trop exactes pour être absolument étrangères à la formation des images; tous les physiologistes en sont d'accord; mais donner à ce diaphragme admirable, qui a pour ainsi dire l'intelligence de la lumière, d'autre fonction que celle d'admettre ou d'exclure les rayons lumineux, selon qu'il est besoin pour la vision distincte, serait, je pense, lui reconnaître une puissance qu'il ne peut avoir. Il exclut ou admet des rayons lumineux; quant à la propriété de les rassembler et de les diriger pour former des images, elle ne peut appartenir qu'à un corps réfringent, analogue à nos lentilles, propriété qui ne se trouve que dans le ménisque convexo-concave, formé par la cornée et par l'humeur aqueuse qui remplit les deux chambres, ou dans le cristallin qui la possède éminemment.

Le ménisque formé par la cornée transparente et par l'humeur aqueuse peut évidemment concentrer les rayons lumineux: l'observation et le raisonnement le prouvent de concert; mais l'espace qu'ils ont à parcourir, avant de rencontrer le cristallin, a trop peu d'étendue pour qu'ils puissent faire autre chose que les disposer à recevoir de ce corps réfringent le degré de concentration nécessaire à la production de l'image. La vision imparfaite que récupèrent les personnes opérées de la cataracte, immédiatement après la soustration du cristallin, prouve la première assertion; la seconde est démontrée par le besoin qu'éprouvent ces personnes de suppléer au cristallin par un verre propre à en remplir la fonction. C'est donc dans le corps, qui a avec nos lentilles une grande ressemblance que nous devons trouver l'agent principal de la production des images. La forme de ce corps, ses rapports d'union et de position avec les autres parties de l'appareil réfringent, sa composition, ont été déterminés avec assez d'exactitude pour que je n'aie pas à m'en occuper. Je ne traiterai ici que de sa structure intime; c'est-à-dire, de la forme et de la disposition des parties qui le composent; j'aurai même peu de faits à ajouter à ceux qu'ont recueillis les anatomistes qui s'en sont occupés spécialement, tels que Zinn et Sœmmering, et, en dernier lieu, MM. Walter et Arnold.

Quoique la forme du cristallin admette quelques variations dans l'homme et les quadrupèdes, cependant elle est généralement et constamment lenticulaire à l'état adulte; la face antérieure qui reçoit directement les rayons lumineux est la moins convexe, les deux courbures de ses faces étant dans le rapport de 5 ou 6 à 1, disposition que l'optique pratique admet dans ses constructions. C'est avec raison qu'on l'a comparée aux lentilles de l'art pour ses fonctions; mais pour la forme, elle en diffère notablement; la courbure de ses bords étant plus forte que celle de son milieu; quant à sa structure intérieure, les auteurs se sont accordés à la comparer à celle de l'oignon (*allium cæpa*); il est en effet comme ce bulbe, composé de couches qui s'enveloppent et se recouvrent, et qui, plus épaisses à la circonférence qu'au centre, lui donnent la forme lenticulaire. Il est impossible d'en déterminer le nombre, car il varie avec le procédé employé à les rendre sensibles. Souvent on en compte à l'œil nu de quinze à vingt, qui contiennent, chacune, un nombre indéterminé de couches plus minces. Les anatomistes iconographes ne les ont pas toujours représentées avec une rigoureuse exactitude. Dans la 24e figure de la planche 3e des *icones organorum sensuum*, le dessinateur de M. Arnold les a représentées par des traits elliptiques et concentriques de même épaisseur, qui, par conséquent, offrent au centre la même forme qu'on observe à la circonférence ; tandis que la forme aplatie discoïde de ce corps résulte nécessairement des inégalités d'épaisseur entre les couches qui forment les bords et celles qui aboutissent au centre ; comme cela est évident, quand on examine des coupes du cristallin concrété par les acides, ou par l'eau bouillante qui détermine mieux encore la séparation de ces couches et leur laisse une grande partie de leur transparence. L'arrangement des couches superficielles, disposées en retrait, les unes sur les autres, s'observe facilement sur les deux faces, au moyen du microscope, surtout dans les cristallins de fœtus, ainsi qu'on peut le voir dans les planches d'Arnold. Quant à la différence entre les coupes des couches superficielles et des couches profondes, on la reconnaît facilement, en fracturant dans la direction des déhiscences produites par l'eau bouillante un cristallin soumis à cette préparation. On les voit changer progressivement de forme, en s'approchant du centre pour devenir d'elliptiques circulaires et former enfin un cercle qui appartient à la portion que les anatomistes regardent comme le noyau. On peut extraire ce noyau en exfoliant avec précaution le cristallin, lorsque, après avoir été bouilli, il n'est encore qu'à demi sec. L'égalité d'épaisseur dans les couches des cristallins sphéroïdaux des poissons me semble bien propre à confirmer notre explication de la forme discoïde de celui de l'homme et des quadrupèdes, par des couches d'épaisseur variables et différemment distribuées.

La dissection du cristallin donne une idée suffisamment exacte de la disposition de ses couches, mais on peut même la rendre visible en faisant passer à travers un cristallin de bœuf, préparé et adapté à un support approprié, un rayon solaire réfléchi dans la chambre obscure. Un carton blanc ou une glace dépolie, placée à deux ou trois centimètres de distance, en présente une image dans laquelle se montrent, de la manière la plus distincte, les lignes concentriques formées par la superposition des couches inégales dont les extrémités aboutissent vers le centre. A mesure qu'on éloigne le carton, l'image grandit et la disposition indiquée devient plus manifeste : cependant, on ne doit pas le porter au delà de deux à trois décimètres. Je n'expliquerai pas ce phénomène dont le microscope solaire nous donne la théorie, faisant toutefois remarquer que le cristallin fournit à la fois l'instrument amplificateur et l'objet à amplifier, les rayons concentrés par l'une de ses faces faisant apparaître la texture de l'autre ; j'ajouterai en faveur des personnes qui répèteront cette expérience qu'elle doit se faire avec un cristallin de bœuf frais et soigneusement préparé.

On a donné à l'examen des fractures du cristallin concrété une importance que je ne puis admettre ; on a cru trouver dans la direction des extrémités des fragments vers le centre des faces les indices de la marche du développement de ce corps; mais, en y reflechissant, on doit remarquer que le centre de la masse étant la partie la plus consistante et la moins attaquée par les réactifs, ces fractures, effet du retrait des couches superficielles et sous-jacentes, devaient avoir lieu aux parties où elles ont le moins d'épaisseur, c'est-à-dire, au centre des faces; et que les fragments par la disposition des couches ne pouvaient prendre une forme différente de la triangulaire. J'ai parlé plus haut de l'erreur des iconographes qui ont donné la forme elliptique et lenticulaire au noyau du cristallin; je reviens sur ce sujet à raison de la fonction attribuée à ce centre et sur laquelle je fixerai dans la suite l'attention d'une manière toute particulière. J'ajouterai encore qu'outre les cristallins bouillis dans lesquels on arrive facilement au noyau sphérique, les fractures et la forme des fragments ne peuvent être considérés que comme des effets de cette forme, et je rappellerai les observations du grand anatomiste de Francfort sur les cristallins des fœtus qu'il a trouvés d'autant plus sphériques que leur état de développement était moins avancé, ce qui nous porte naturellement à conclure que c'est au centre que commence le développement, que ce centre qui, à l'origine n'est qu'un simple globule, s'enveloppant de couches additionnelles dans l'ordre que nous avons indiqué, devient successivement un sphéroïde légèrement applati qui, chargé de couches plus nombreuses vers le bords que vers la circonférence, doit prendre enfin la forme lenticulaire que nous lui connaissons.

Ne m'étant proposé l'examen de la structure du cristallin que relativement à ses fonctions dans la vision, je n'ai parlé ni de la capsule diaphane, et cependant très-solide, qui contient la substance molle dont il se compose, ni de l'indépendance de cette capsule qui s'en détache facilement; mais je ne dois pas passer sous silence les degrés divers de mollesse de sa substance dont la surface est à l'état d'une gelée adhésive, tandis que le centre offre une consistance assez ferme et susceptible de tassement par la compression. Le poids spécifique du cristallin dans son ensemble a été le sujet de recherches faites sur plusieurs animaux. Chenevix l'a trouvé dans l'homme égal à 1,079, dans le bœuf égal à 1,765. Le premier aussi, il a fait connaître la différence du noyau comparé à celle de la substance qui forme la circonférence. J'ai trouvé qu'une portion de cette substance surnageait dans une solution saline dans laquelle une partie semblable prise au centre se précipitait immédiatement au fond du vase.

Les anatomistes qui ont étudié la structure distincte du cristallin y ont indiqué des fibres. Rien en effet n'est plus exact, ni plus facile à constater sur des cristallins bouillis, on en distingue à la loupe et même à la vue simple la forme et la disposition. Elles sont assemblées en faisceaux argentins, qui suivent la direction des couches dont elles sont les éléments. Elles marchent parallèlement entre elles et vont d'une face à l'autre en passant par les bords; leur ténuité qui n'est pas au-dessous d'un 150e de millimètre, ne permet pas de les suivre d'une face à l'autre, mais, d'après leur disposition générale, il y a lieu d'admettre qu'elles sont inégales en longueur dans les mêmes couches comme dans les couches différentes et que ce sont elles qui, par ces différences et leur disposition en retrait les unes sur les autres, donnent au cristallin sa forme lenticulaire ; la figure des segments concrétés dans les cristallins ainsi modifiés, et la terminaison en pointe des faisceaux détachés, s'accorde très-bien avec cette supposition. Au moyen de forts grossissements, ces fibres se montrent composées de grains très-petits, unis entre eux par une substance amorphe, on les voit facilement sur une lame de verre qu'on frotte avec un cristallin macéré dans l'alcool.

On a agité la question de savoir si les fibres du cristallin existent réellement ou si elles ne sont pas un produit de l'action chimique. Comme ces petits corps n'ont aucun des caractères distinctifs des corps cristallisés et qu'on ne peut citer aucun exemple de tissu fibreux développé par l'action chimique dans les substances organiques qui n'en contiennent pas naturellement, il ne peut y avoir de doute sur la réalité de leur existence dans le cristallin; mais, s'il pouvait, après de telles preuves, rester quelque incertitude, elle serait nécessairement dissipée par les observations de Sœmmering qui les a trouvés dans les cristallins de fœtus vus au microscope ou par le procédé que nous avons précédemment indiqué.

Je n'ai fait aucune recherche sur la composition chimique du cristallin, persuadé qu'alors même qu'on parviendrait à y découvrir quelque nouveau principe ou des proportions différentes entre ceux qui sont connus, cela ne répandrait aucune lumière sur les fonctions de ce corps réfringent, objet de discussions nombreuses, mais de peu d'expériences directes, c'est pourquoi j'en ai tenté de nouvelles. Pour les physiologistes qui connaissent les lois de la lumière, il serait ridicule de demander si ce corps diaphane lenticulaire remplit des fonctions analogues à celles des lentilles de l'art, mais ceux auxquels des hypothèses surannées auraient laissé quelque doute à cet égard peuvent les dissiper facilement en le substituant à ces instruments dans les compositions de l'optique. On sait depuis longtemps qu'avec le cristallin d'un petit poisson, on peut faire un microscope assez puissant. J'ai employé celui de bœuf comme objectif de chambre obscure, de microscope composé, comme oculaire de lunette, et dans toutes ces combinaisons, il a rempli les fonctions qui résultent de sa forme et de sa puissance réfractive et dispersive.

Les faits cités prouvent que le cristallin peut remplir les fonctions des lentilles artificielles ; mais les remplit-il d'une manière identique ou seulement d'une manière analogue ? Telle est la question qu'il nous reste à examiner. Nous avons déjà prouvé que les changements nécessaires dans la disposition des lentilles des instruments composés, pour rendre distinctes les images des objets placés à des distances diverses, n'ont pas lieu dans l'œil, dont la cornée, comme il a été prouvé, est invariable dans sa forme. Privé de l'influence du ménisque, formé par cette membrane et l'humeur aqueuse, présentera-t-il encore les mêmes phénomènes ? Si l'on s'en rapportait aux hypothèses, les résultats différeraient beaucoup de ceux qu'a donnés l'expérience.

Employé comme microscope simple, le cristallin amplifie les objets en leur conservant la forme et la couleur qui leur est propre. Toutefois on doit remarquer qu'il ne donne ces résultats que dans la partie moyenne de sa surface et dans une étendue égale à l'ouverture, maximum de la pupille à l'état normal, qu'on ne peut guère porter au delà de 5 à 6 millimètres et que l'image, pour les objets peu éloignés, est d'autant plus parfaite que l'ouverture du diaphragme employé est moindre. Si le cristallin est privé de diaphragme, l'image se déforme près des bords et l'on remarque quelques traces légères de coloration. Il serait cependant fort inexact de tirer de ces faits des objections contre l'achromatisme de l'œil; d'abord, parce que la lumière est, dans cet organe, modifiée avant d'atteindre le cristallin; mais principalement, parce que, dans l'état normal, toute sa circonférence est constamment soustraite à la lumière par l'interposition de l'iris. La déformation des images près des bords nous ferait assez connaître que sa forme lenticulaire n'est régulière que dans la partie moyenne des faces, si cela n'était d'ailleurs prouvé par l'observation directe. Les faibles couleurs près des bords, loin de fournir un argument contre l'achromatisme de l'œil me paraissent au contraire le confirmer ; car toute lentille artificielle qui aurait vers ses bords une épaisseur égale à celle qu'on observe dans le cristallin, non-seulement donnerait aux objets une forme monstrueuse dans leurs images ; mais encore les enluminerait des plus vives couleurs.

Si l'on emploie le cristallin comme objectif de chambre obscure, il donne, ainsi que ces instruments, des images très-distinctes, et dans une position renversée. Seulement comme sa convexité est forte, elles ont peu d'étendue ; mais ce qui distingue partilièrement le cristallin, c'est de réunir au même foyer les rayons lumineux réfléchis par les objets placés à des distances différentes. Comme c'est sur cette propriété étrangère aux lentilles de l'art que repose l'explication des phénomènes principaux de la vision et qu'elle semble une exception aux lois de la lumière, nous avons dû la constater par des preuves à l'abri de toute objection. J'ai construit, pour y parvenir, une petite chambre obscure dans laquelle le cristallin remplit le rôle d'objectif et avec laquelle on reconnaît sans difficulté l'invariabilité du foyer de cette lentille oculaire. Elle se compose d'un tube de laiton de six centimètres de longueur et de vingt-quatre millimètres de diamètre qui porte à son extrémité antérieure ou objective une capsule propre à contenir un cristallin de bœuf. Ce tube calibré en reçoit un second qui a, à son extremité antérieure ou correspondante à la face postérieure du cristallin, un verre dépoli sur lequel doivent se peindre les images des objets extérieurs. Les expériences qui constatent cette propriété caractéristique du cristallin sont aussi exactes que faciles à exécuter. On amène le verre dépoli au foyer de notre lentille oculaire et, présentant l'instrument successivement vers des objets voisins et vers des objets éloignés placés dans la même direction, on obtient des images d'une égale pureté. Le résultat est plus frappant encore, lorsqu'on reçoit à la fois les images d'objets placés à des distances diverses, comme je l'ai fait pour des mires de dimension égale placées les unes à 3 et à 4 décimètres, et les autres à 20 et 30 mètres. Les résultats comparés avec ceux qui ont été obtenus au moyen d'une petite lunette de Ramsden nous montraient que les mêmes objets, pour en obtenir des images distinctes, exigeaient un déplacement de l'oculaire de 10 à 12 millimètres. Un diaphragme est utile pour rendre les images plus pures et plus régulières. On peut encore employer le cristallin à former une lunette à deux verres; mais les images, à raison de sa forte convexité, ont peu d'étendue. Quelle que soit au reste, la combinaison dans laquelle on le fait entrer, il doit être, comme je l'ai déjà fait remarquer, récemment extrait de l'orbite sans violence et séparé de l'humeur vitrée avec la précaution indispensable de conserver à la capsule toute son intégrité, et enfin, placé dans notre petit appareil sans éprouver aucune pression capable de le déformer. Ces précautions utiles pour toutes les expériences dans lesquelles on peut l'employer, sont surtout indispensables pour celles qui nous restent à exposer.

Des faits précédents, il résulte que le cristallin peut remplir les fonctions des lentilles artificielles; il résulte encore des mêmes faits, que ce corps jouit aussi d'une propriété qui ne peut appartenir à ces instruments, celle d'avoir le même foyer pour les rayons de directions différentes. Mais, comme cette propriété semble en opposition avec les lois de la dioptrique, j'ai dû ne rien négliger pour la prouver rigoureusement; c'est encore notre petite chambre obscure, qui nous en a fourni le moyen. L'instrument étant armé d'un cristallin de bœuf, si on l'expose aux rayons solaires, réfléchis dans la chambre obscure et transmis par une ouverture de 10 à 12 millimètres de diamètre, si en outre le verre dépoli est amené au foyer du cristallin, qui est de dix millimètres, il se forme une image éclatante du soleil, bien terminée, et qui, amplifiée par la lentille oculaire, présente une surface de quatre millimètres de diamètre. Le verre dépoli, sur lequel se peint cette image, étant fixé à la même distance, on a interposé entre le cristallin et le porte-lumière une lentille biconvexe, dont le foyer était de trente-cinq centimètres. Quoique les rayons, auparavant parallèles, aient alors pris une direction convergente, l'image a présenté plus d'éclat et une plus grande étendue; mais le foyer a été le même. A la lentille bi-convexe, on a substitué un verre bi-concave, dont chaque face avait son foyer à douze centimètres; les rayons rendus divergents ont donné à l'image moins d'éclat et une étendue moindre, mais le foyer a toujours été le même. On a confirmé ces résultats, en changeant même d'une très-petite quantité la distance du verre dépoli au cristallin. L'image du soleil, soit que cette distance ait été augmentée ou diminuée, est devenue confuse et mal terminée. *L'invariabilité du foyer du cristallin, pour des rayons de directions différentes, est donc un fait acquis à la science et une preuve nouvelle de la merveilleuse intelligence de l'auteur de la nature.* Toutefois, on doit remarquer que, comme son but est le bien-être des animaux qu'il a gratifiés de cette précieuse organisation, il en a restreint le pouvoir dans des limites déterminées par leurs besoins; ensorte que les rayons, dont la divergence ou la convergence serait trop grande, ne sont plus réunis au même point, comme je l'ai prouvé, en substituant à la lentille de trente-cinq centimètres de foyer, une autre lentille, dont le foyer était à quarante-cinq millimètres.

Ces résultats sont si peu susceptibles d'erreur, qu'il semblait inutile de les vérifier; je l'ai fait cependant, en substituant au cristallin, dans le même appareil que j'ai décrit, une lentille d'un court foyer, qui, par les variations dans le lieu de l'image, selon la direction des rayons lumineux représentant les objets, ont confirmé la propriété spéciale de notre lentille oculaire, propriété remarquable, dont il reste à trouver la cause. Dirigé par nos principes, nous ne la chercherons pas hors des lois de la lumière; car, tout en reconnaissant aux êtres organisés des propriétés spéciales, nous savons que les lois générales de la nature peuvent être modifiées par la puissance vitale, mais qu'elles subsistent toujours dans l'organisme avec les modifications dont elles sont susceptibles, comme on le voit dans la mécanique, la statique, l'hydraulique animale, et comme le prouvent encore les nombreuses et brillantes découvertes de la chimie organique. D'après ces considérations, on ne pourrait trouver cette cause ailleurs que dans l'organisation remarquable du cristallin, dans les degrés différents de densité des parties qui le composent, dans l'arrangement et la disposition des couches que nous avons décrites ; mais surtout dans la forme diverse des solides formés par ces mêmes couches ; les unes propres à concentrer les rayons parallèles, les autres, à concentrer ceux qui s'éloignent plus ou moins de cette direction. La différence de densité des parties différentes du cristallin est un fait incontestable, et, comme sa composition chimique est la même dans toute sa masse, on doit admettre divers degrés dans la force réfringente. La figure des solides formés par les couches, n'est pas moins favorable à notre explication, et si, comme nous le pensons, elle doit acquérir du poids par l'assentiment des savants qui l'admettent, on peut citer en sa faveur des autorités très-respectables : premièrement celle de M. Pouillet, qui l'a consignée dans la seconde édition de son Traité de physique. Le savant auteur de la Biologie Treviranus l'a exposée dans son ouvrage, et l'a appuyée de calculs appliqués à l'hypothèse d'une lentille artificielle, dont la densité irait croissante de la circonférence au centre ; enfin, et l'on trouve un argument qui lui est très-favorable dans la composition d'une lunette microscopique, inventée par M. Arago, et appliquée par le savant mécanicien du bureau des longitudes, M. Gambey, à la construction d'une boussole de déclinaison. Cette lunette a un objectif composé de deux lentilles; l'une, qui occupe l'ouverture entière et rassemble les rayons éloignés, l'autre, qui n'en occupe que le centre, et qui remplit la fonction du noyau dans le cristallin : ingénieuse imitation de la nature, qui, sans doute, ne peut avoir toute la perfection du cristallin, ne possédant qu'une très-petite partie des éléments qui le composent, n'ayant, ni ces couches nombreuses et variées dans leurs formes et dans leur arrangement, ni les fils infinis en nombre dont nous ne savons, dans l'état actuel de la science, apprécier le rôle, mais qui ne peuvent être étrangers aux modifications éprouvées par la lumière qui traverse la lentille oculaire. Sans cela, nous serions forcés d'admettre que la nature, qui opère par les voies les plus simples, en donnant au cristallin une structure si composée, si différente de celle admise dans les autres parties du système réfringent du globe, se serait écartée de sa marche habituelle.

Je n'ai pas parlé du rôle que l'on a fait jouer au corps ciliaire considéré comme pourvu de la propriété de déplacer le cristallin pour compenser et corriger la direction des rayons lumineux, parce que ce rôle lui devient inutile, et je terminerais ici, si je devais laisser sans solution quelques-unes des objections principales auxquelles les résultats de ces recherches pourront donner lieu. Je ferai d'abord remarquer qu'on a singulièrement exagéré l'impossibilité supposée de réunir au même foyer les images des objets éloignés et des objets voisins, en supposant qu'ils devaient se peindre, les uns en avant et les autres en arrière de la rétine; car les lentilles ordinaires, quand elles sont d'un foyer court, admettent quelques variatiations dans le lieu de l'image, en lui conservant cependant assez de clarté et une netteté suffisante. Ainsi, le cristallin, privé de sa propriété spéciale, pourrait encore donner des images distinctes, comme le prouve l'usage des lunettes à cataractes, pour les personnes qui ont subi cette opération, en considérant que la sensibilité variable de la rétine lui donne la propriété de suppléer jusqu'à un certain degré à la pureté des images, quand elle est aidée par l'exercice et l'influence de la volonté. On sait que, par l'exercice, on s'habitue à l'usage de lunettes de foyers différents, à tel point, que des personnes, dont la vision est normale, parviennent à lire avec des verres propres aux myopes, et que, cependant, le cristallin ne change, ni de forme, ni d'organisation. Cette objection est la plus puissante que, sans doute, il soit possible de proposer. Ceux qui prétendent la résoudre par les variations de la convexité de la cornée, sont forcés de la porter à un degré absurde, que l'on n'a jamais observé et dont j'ai prouvé l'impossibilité. Ceux qui, avec nous, admettent l'invariabilité dans la forme de cette membrane, dans celle des milieux réfringents du globe, ne peuvent la trouver que dans les variations de la sensibilité de la rétine, qui, douée, comme il nous semble, d'une espèce d'intelligence du rôle qu'elle doit remplir, se dispose, selon le besoin, ou pour mieux dire, est disposée par l'influence du système nerveux, à être affectée de la même manière, par des causes un peu différentes les unes des autres. Au reste, pour nous, la propriété spéciale du cristallin restreint beaucoup les différences dans le lieu des images que l'on s'habitue à juger comme on le fait pour d'autres sensations insolites.

EXPLICATION DES FIGURES.

FIG. I. *Pièce employée pour constater l'invariabilité dans la forme de la cornée transparente lorsque le globe oculaire est soumis à la compression.*

F, F' tuyau principal portant à son extrémité F' une vis micrométrique G, et recevant dans son intérieur : 1° H un globe oculaire de mouton ou de veau dont la cornée fait saillie près du sommet de la vis G ; 2° une pièce I concave et mobile pour comprimer l'hémisphère postérieur du globe H ; 3° un ressort en hélice K qui, pressé par le tuyau à vis L, exerce son action sur le globe par le moyen de la pièce I.

FIG. II. *Pièce employée pour observer la structure du cristallin.*

Capsule de laiton M, propre à contenir un cristallin de bœuf, N, destiné à être exposé aux rayons solaires réfléchis dans la chambre obscure.

FIG. III. *Pièce destinée à constater la propriété spéciale du cristallin.*

A, tuyau principal portant, à sa partie antérieure, une capsule B, propre à contenir un cristallin de bœuf C, et recevant un tuyau D, qui porte à sa partie antérieure un verre dépoli destiné à recevoir les images formées au foyer du cristallin C, et à sa partie postérieure une lentille D, pour amplifier les images formées au foyer du cristallin sur le verre dépoli E. Cadre mobile destiné à recevoir des lentilles et des verres concaves, propres à faire varier la direction des rayons lumineux admis dans l'instrument.

Nota. On ne donne pas la figure de la lunette micrométrique parce que ces sortes d'instruments sont connus et que ses proportions sont indiquées dans le mémoire.

NANCY, IMPRIMERIE DE RAYBOIS ET Cie.

Fig. 1.

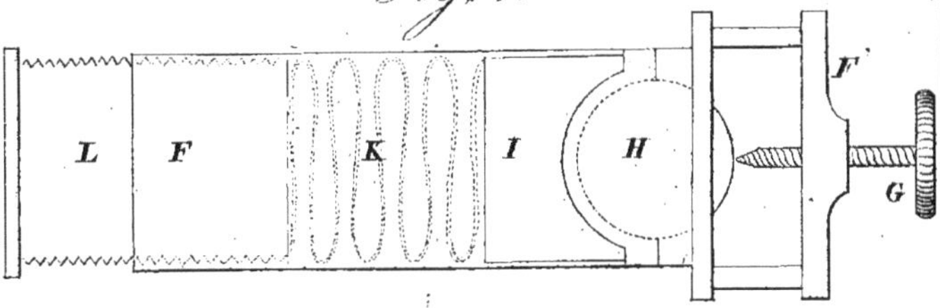

Fig. 2.

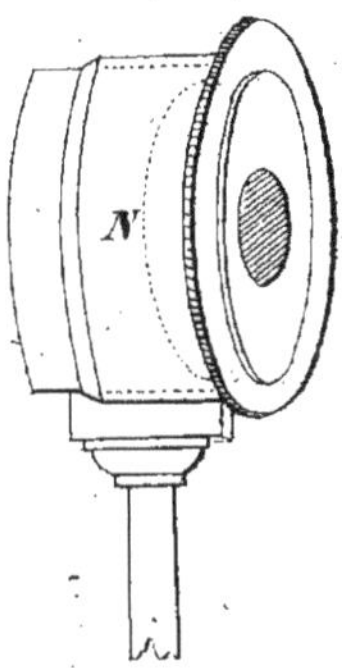

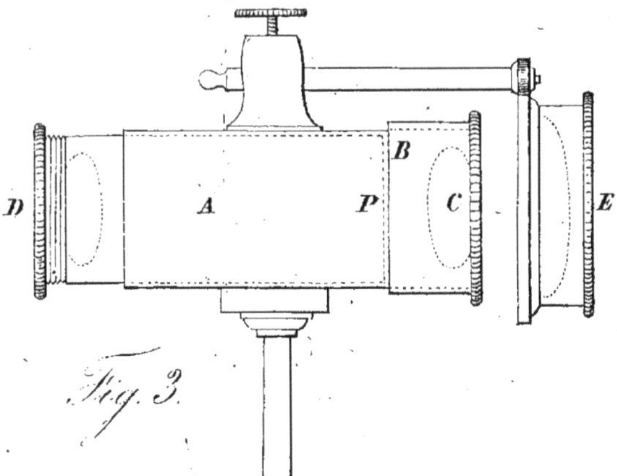

Fig. 3.

www.ingramcontent.com/pod-product-compliance
Ingram Content Group UK Ltd.
Pitfield, Milton Keynes, MK11 3LW, UK
UKHW032031260826
14628UKWH00006B/2881

9 782019 64043